いつも仲間といっしょ
エナガのくらし

命のつながり ⑦

作 東郷なりさ　写真 江口欣照

冬の朝です。
「ジュリリリ」
「チッ チッ」
林の上のほうから
鈴の音のような声がします。
声はどんどん
移動していきます。

あ、小鳥が1羽、
枝から枝へと移りました。

「チッ」

「ジュリリリ」

1羽、また1羽とついていきます。
ぜんぶで10羽くらい、いるでしょうか。

追いかけてみました。

「シシシシ　シシシシ」
「チッ」
小さくてすばしこいので、
すぐに見失ってしまいます。

「ジュリリリ」
「チッ　チッ」
鳴きかわしているのが聞こえます。

あっちの木です。
枝の先っぽで、何か食べているようです。

よく見ると、
白いお団子に
長い尾がついたような鳥です。
この尾をひしゃくの長い柄に
見立ててエナガ（柄長）という
名前がつけられました。

正面(しょうめん)から見(み)ると、
顔(かお)がついた
ふわふわのボールみたい。

エナガは林でくらしている鳥です。
体重は7グラムほどと、とても軽いので、枝からぶら下がったり、
飛びながら虫をとったりするのが得意です。
人間にはよく見えないほど小さな昆虫やクモなどを食べています。

「ジュリリリリ」

「ジュリ」

エナガはめったに1羽ではすごしません。

いつも仲間といっしょにいます。

冬の間は10羽くらいの仲間で

群れをつくります。

群れの1羽が空を見上げて声をあげました。
「チルルルル」
声を聞いたほかの仲間も、あわてて空を見上げ、
しげみに飛び込みました。
天敵のオオタカがえものをさがして飛んできたのです。

静かにかくれていれば、
見つかりません。
みんないっしょにいることで、
危険を教えあいます。

夕方、2羽がねぐらとなる枝にくっついてとまりました。
そこへもう1羽がやってきて、2羽の間に割り込みました。
次々と群れの仲間が飛んできては、やっぱり真ん中へと入り込みます。
9羽がずらりと一列に並びました。
最初にくっついたはずの2羽は、気づけば両はじにいます。

小さな体でも、いっしょにくっついてすごすことで、夜の寒さを乗り切ります。

「シシシシ」
エナガは今日も鳴きかわしながら、
仲間といっしょに虫をさがしています。

あれ？ よく見ると
群れにエナガではない鳥が
混じっています。
茶色のしま模様の鳥は、
日本でいちばん小さい
キツツキの仲間、コゲラです。

ほかの種類の鳥とともにつくる群れを混群といいます。
エナガの群れといっしょにいれば、
いろいろな食べ物が見つかりますし、
小鳥をねらう天敵のタカなどにもはやく気づけるので、
ほかの鳥がついてくるのです。

エナガとよく混群をつくる鳥には、

などがいます。

リュウキュウサンショウクイやキクイタダキなど、
冬を平地の林ですごす鳥が加わることもあります。

リュウキュウサンショウクイ

キクイタダキ

秋に、ムシクイの仲間やサンコウチョウなどの渡り鳥が
いっしょになることもあります。

センダイムシクイ

サンコウチョウ

エナガはほかの鳥よりも体が小さいので、
すぐに食べ物を横取りされてしまいます。

でも大丈夫。
ほかの鳥がとまれないほど
細い枝の先で、
しっかり食べ物を
見つけています。

2月、ウメの花が
咲きはじめました。
これまで群れでいたエナガが、
2羽だけで
なかよくすごすように
なりました。
夫婦になっていたのです。

エナガ夫婦は、あちこち忙しそうに飛びまわっています。
コケを口いっぱいに集めています。

こちらでは、ガのまゆから糸をひっぱっていました。

じぶんの体より長い羽根も
くわえていました。
何に使うのでしょう？

「シシシシシ」
飛んでいった先には、みどりのボールのようなものがありました。
木が枝分かれしたところにのっています。
ガのまゆをほどいた糸でコケなどをくっつけ、
ふくろの形に編んでつくったエナガの巣です。

エナガ夫婦は、
また2羽でどこかへ行き、
羽根をくわえて
もどってきました。
羽根をたくさん入れて、
巣の中をあたたかく、
ふかふかにするのです。

巣づくりの時期、
鳥たちはとても神経質なので、
おどろかさないように
遠くからそっと
のぞかせてもらいます。

巣ができるとメスは
卵を10個ほど産みます。
卵をあたためるのは
メスの仕事で、
オスはメスのために
食べ物をさがしてきます。

おや、尾羽の曲がったエナガがいます。
巣からちょっと出てきて
食べ物をさがしているお母さんです。
長い間せまいところで
卵をあたためていたので、
尾羽が曲がってしまったのです。

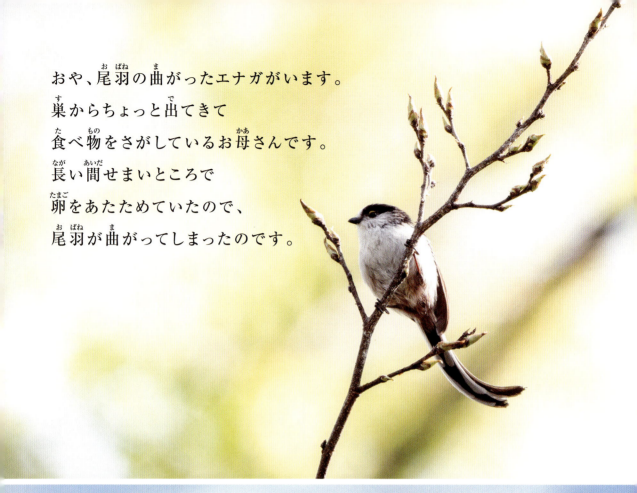

「ジュリリリ」
数日たった日、
親鳥が虫をくわえて
巣にもどってきました。
巣の中で、
何かがもこもこ動いています。
中でひなが生まれたのです。

親鳥がえさを運びつづけ、
10日以上たったある日、
ようやくひなが巣から顔を出しました。

巣に出入りする親鳥を見ていると
不思議なことに気づきました。
お父さん、お母さんだけでなく、
3羽、4羽ものエナガが巣に来るのです。

どの鳥もえさをもってきます。
じぶんの子育てが終わったり、
子育てに失敗した親せきたちが
手伝ってくれているのです。

「ジュリリリ」「チチチチ」
5月の早朝、親鳥が巣の外で鳴き、
ひなが応えるように鳴いています。

「チチチチ チチチチ」
顔を出していたひなが、ぽんと巣から飛び出してきました。
すぐに2羽目、3羽目も。

しばらくして4羽、5羽。
小さな巣の中から手品のように、
どんどん出てきます。
6羽、7羽、8羽、9羽！

ひながずらりと枝に並びました。
「チチチチ　チチチチ」
並んで待っていると、親鳥がえさをくわえて飛んできました。
もらえるのは、いちばんはじめに大きく口を開けたひなです。

「チチチチ　チチチチ」
巣立ったあとも、ひなたちは親鳥についてまわり、
えさをねだります。
生まれたばかりのひなの目はふちが赤く、
顔に大きなこげ茶色の模様が入っています。
成長するにつれておとなに似てきて、
4か月もすると目のふちは黄色に、
顔の線は黒く細くなり、親と見分けがつかなくなります。

夏の間は、両親と子ども、そして子育てを手伝ってくれた親せきがいっしょになって、家族の群れですごします。
ひなたちはおとなから飛び方とえさのとり方を学びます。

夏の終わり、エナガ一家は、
親たちがいっしょに冬をすごした
仲間の家族同士で集まり、
20〜30羽の大きな群れをつくります。

秋になりました。
ときどき、大きな群れから分かれて、数羽ですごすエナガがいます。
でもしばらくすると、また群れにもどっていきます。
そんなことをくり返していくうち、
エナガたちは気の合う仲間で
小さな群れに分かれてすごすようになります。

気温が下がってくると、昆虫は見つかりにくくなりますが、
林には色とりどりの木の実がなりはじめます。

こちらでは
ハゼの実をつつき、

あちらでは
モッコクの実を夢中で
食べていました。

冬になると、
食べ物はさらに少なくなります。
エナガたちは樹液をなめたり、
冬眠中の虫を
さがしたりしています。

厳しい冬をすごしながら、
たまに群れからはなれてなかよく行動する
2羽がいました。

またウメの花が咲きはじめました。

どうやら、
この2羽は夫婦のようです。
また巣づくりの季節がめぐってきたのです。

エナガのこと、もっと知りたい！

Q1 エナガはどこにいるの？

A1 エナガは沖縄をのぞく日本全国の林で見られます。日本にいるエナガは、4つの亜種に分けられます。見た目で見分けがつくのは、北海道にいるシマエナガだけです。シマエナガは目の周りが真っ白で、ばつぐんのかわいさです。

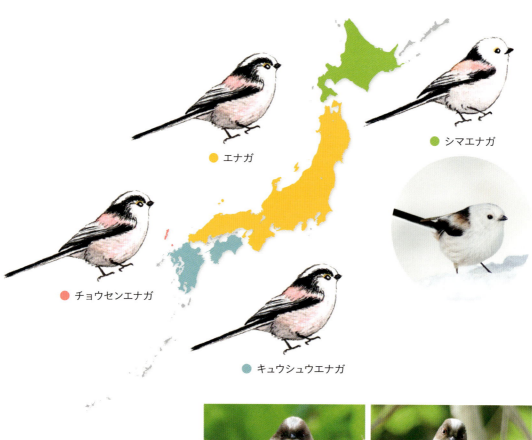

● エナガ
● シマエナガ
● チョウセンエナガ
● キュウシュウエナガ

左：エナガ（幼鳥）
右：シマエナガ（幼鳥）

幼鳥はエナガもシマエナガも同じ顔をしています。

Q2 エナガは日本でいちばん小さい鳥？

A2 鳥の全長はくちばしの先から尾羽の先までの長さを測ります。エナガは14cm。日本でいちばん小さい鳥とされるキクイタダキは10cmですが、エナガの尾羽は約7cmもあるので、体自体はほとんど同じ大きさといえます。体重は、キクイタダキは5〜6g、エナガは7gほどです。

キクイタダキ

Q3 エナガはどれくらい生きるの？ 天敵は？

A3 きちんと確認された長生きの記録は、国内では5歳、世界では8歳です。天敵はハシブトガラス、タカの仲間、モズなど、鳥を食べる鳥です。

Q4 エナガはなぜ、いつも仲間といっしょなの？

A4 エナガは体がとても小さいため、夜に気温が下がると、すぐに体温を奪われてしまいます。群れでくらし、仲間同士くっついてねぐらをとることで、夜を乗り切っていると考えられています。また、いっしょに行動することで、えさのある場所や天敵をみんなでさがし、教えあうことができます。

Q5 エナガはどんな鳴き声？

A5 エナガは林の上のほうをどんどん動いていくので、なかなか姿をとらえにくい鳥ですが、鳴き声を知っていると見つけやすくなります。群れでくらすにあたり、移動するとき、食べ物を見つけたり危険に気づいたときなど、いつもおたがいに声をかけあっています。

左：鳴き声「シシシシ」「チチチチ」
右：鳴き声「ジュリリ」「チルルル」

※ 二次元コードを読み込むとエナガの声を聞くことができます。

Q6 エナガの巣はどうなっているの？

A6

エナガは木の枝分かれしたところに巣をつくります。クモの糸やガのまゆをほどいた糸を使い、コケや草、樹皮などをくっつけながら編み込んで、入り口が横についたふくろ形の巣をつくります。

巣の中には数百枚から数千枚もの羽毛がしきつめられています。卵やひなを傷つけないよう、羽根のじくが外向きに差し込まれています。巣は伸び縮みできるので、ひなが大きくなると巣も大きく広がります。

※ 巣を観察するときは、鳥をおどかさないように注意しよう。遠くからそっと観察し、短時間で離れよう。

Q7 なぜ、親ではない鳥が子育てを手伝うの?

A7 親以外の鳥がひなの世話をすることを協同繁殖といい、手伝う鳥をヘルパーと呼びます。日本の鳥ではほかに、バンやオナガで知られています。エナガの場合、ヘルパーになるのは、たいていは冬に同じ群れですごし、お父さんと血がつながっている親せきです。夫婦になれなかったり、子育てに失敗した鳥が、子育てがしたくて、また群れの仲間になりたくて、手伝っていると考えられています。

Q8 エナガは、いつ誰とくらしている?

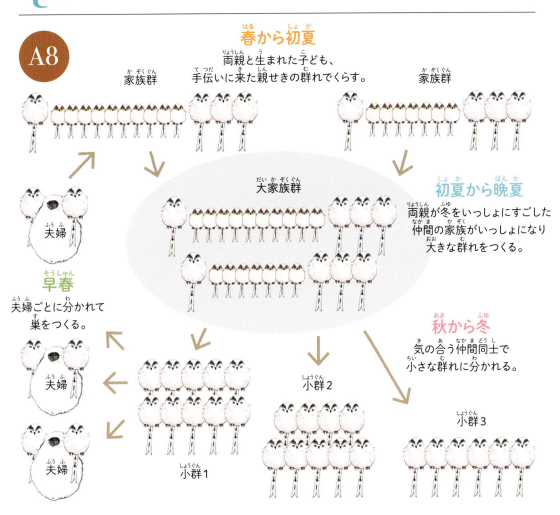

東郷なりさ・作
【とうごう・なりさ】

東京農工大学地域生態システム学科を卒業後、イギリスのケンブリッジ・スクール・オブ・アートで絵本や児童書の挿絵を学ぶ。2019年ボローニャ国際絵本原画展入選。著書(絵本)に『じょやのかね』、『さくらがさくと』、『あかちゃんの おさんぽえほん みぢかないきもの全3冊』(すべて福音館書店)、『はばたけ！バンのおにいちゃん』(出版ワークス)など、挿絵に『Magnificent Birds』(英 Walker Studio)がある。

江口欣照・写真
【えぐち・よしてる】

1962年東京都生まれ、東京都府中市在住。自然写真家。公益社団法人 日本写真家協会(JPS)会員。野鳥・動物・昆虫などを撮影し、教材、広告、カレンダーなどに発表している。個展「野鳥たちの四季」富士フォトサロン(1998年)、「南の島の野鳥たち」ミノルタフォトスペース新宿・大阪(2002年)など開催。著書に『野鳥たちの四季』、『四季彩鳥』(新風舎)、『ヤンバルクイナ』(小学館)が、共著書に『日本の野鳥図鑑』(ナツメ社)がある。

デザイン	富澤祐次
写真提供	John Walters、髙野 丈
編集協力	赤塚隆幸
編集	髙野 丈（文一総合出版）

いつも仲間（なかま）といっしょ
エナガのくらし

2024年10月15日　初版第1刷発行
2025年 7月21日　初版第2刷発行

著者	東郷なりさ　江口欣照
発行者	斉藤　博
発行所	株式会社 文一総合出版
	〒102-0074
	東京都千代田区九段南3-2-5 ハトヤ九段ビル4階
	Tel. 03-6261-4105　Fax. 03-6261-4236
	URL: https://www.bun-ichi.co.jp
振替	00120-5-42149
印刷所	奥村印刷株式会社

乱丁・落丁本はお取り替えします
©Narisa Togo, Yoshiteru Eguchi 2024
ISBN 978-4-8299-9021-6　NDC488　48P　B5判(182×257mm)　Printed in Japan

二次元バーコードで再生される情報について
本書に収録された二次元バーコードから取得される情報は、非営利無料の図書館等の館内および貸し出しに利用することができます。利用者から料金を取得する図書館等の場合は、著作権者の許諾が必要です。また、無許可でダウンロードして複製すること、インターネット上のネットワーク配信サイト等への配布、またネットラジオ局等へ配布することを禁じます。

JCOPY〈(社)出版社著作権管理機構 委託出版物〉
本書(誌)の無断複製は著作権法上での例外を除き禁じられています。複製される場合は、そのつど事前に、出版者著作権管理機構(電話 03-5244-5088, FAX 03-5244-5089, e-mail: info@jcopy.or.jp)の許諾を得てください。